Joe Lipscombe

O que é o tempo?

Joe Lipscombe

O que é o tempo?

Uma exploração da entidade que define todo o nosso universo

ScienciaScripts

Imprint
Any brand names and product names mentioned in this book are subject to trademark, brand or patent protection and are trademarks or registered trademarks of their respective holders. The use of brand names, product names, common names, trade names, product descriptions etc. even without a particular marking in this work is in no way to be construed to mean that such names may be regarded as unrestricted in respect of trademark and brand protection legislation and could thus be used by anyone.

Cover image: www.ingimage.com

This book is a translation from the original published under ISBN 978-3-659-83365-6.

Publisher:
Sciencia Scripts
is a trademark of
Dodo Books Indian Ocean Ltd. and OmniScriptum S.R.L publishing group

120 High Road, East Finchley, London, N2 9ED, United Kingdom
Str. Armeneasca 28/1, office 1, Chisinau MD-2012, Republic of Moldova, Europe
Managing Directors: Ieva Konstantinova, Victoria Ursu
info@omniscriptum.com

Printed at: see last page
ISBN: 978-620-3-56211-8

ÍNDICE DE CONTEÚDOS

1. Introdução

"Nada me intriga como o tempo e o espaço. No entanto, nada me perturba menos do que o tempo e o espaço, porque nunca penso neles."

Estas palavras de Charles Lamb dão o mote para toda esta investigação. É uma visão interessante sobre um assunto que é tão desconcertante e complicado como belo e universal. No entanto, é muitas vezes ignorado.

Todos os dias, milhões de pessoas dependem do relógio do mundo. No entanto, raramente paramos para refletir sobre a sua natureza, origem, história ou influência na sociedade. Não pensamos no seu significado, no seu objetivo ou nas suas intenções. Raramente colocamos a questão: *o que é o tempo?*

À primeira vista, esta pergunta parece simples, embora eu tenha descoberto que muitas perguntas básicas em ciência provocam as respostas mais complicadas. Esta não é diferente.

O que é o tempo? Como é que medimos a passagem de um dia na Terra? Como medimos a duração de um acontecimento? Como distinguimos a diferença entre novo e velho, passado e futuro?

O tempo pode ser referido em muitas situações diferentes e simples do dia a dia, mas, como muitas coisas, quando aplicado ao cosmos, revela implicações espantosas, efeitos incríveis e influências inimagináveis, não só na história do universo, mas também no presente e no futuro.

Como é que o tempo nos ajudou a compreender o que sabemos hoje sobre a vida que levamos? Que papel desempenha na causa dos acontecimentos que se desenrolam no universo e como é que definimos essas causas? Poderíamos ter previsto o passado?

Será que o nosso futuro já foi planeado? Podemos controlar os acontecimentos que ainda estão para acontecer?

Este é o padrão de perguntas que passei os meus anos de adolescência a ponderar. Estas são agora a base para esta investigação.

Ao explorar o conceito de tempo, vou concentrar-me em alguns factores específicos que, espero, me ajudem a determinar a sua verdadeira natureza, quando começou, quando acabará e o que é realmente.

Uma área de interesse é a Teoria Geral e a Teoria Especial da Relatividade de Albert Einstein, e a forma como este conjunto de ideias moldou o nosso pensamento sobre a física moderna, graças à revelação de que o espaço e o tempo estão inextricavelmente ligados.

A teoria de Einstein sobre a gravidade e o espaço-tempo é essencial para esta tarefa. As suas ideias, testadas e aceites, dão-nos uma visão intrigante sobre a forma como o espaço e o tempo funcionam como parceiros inseparáveis e como se interligam para deformar o espaço e dobrar a luz, apresentando-nos questões inimagináveis sobre a forma e a construção do universo.

A exploração desta teoria ajudar-nos-á a compreender a relação do tempo com a matéria e a energia, o que, por sua vez, nos levará à equação mais famosa de Einstein: *E=mc2*.

Uma outra secção abordará o alegado início dos tempos, o big bang e a criação do universo. Que efeito teve o tempo no estado do universo, se é que teve algum? O tempo existia antes do big bang? É finito ou infinito? Como é que as nossas opiniões sobre este assunto mudaram ao longo da história?

Ao longo deste relatório, irei desafiar estas questões com base na investigação das teorias mais amplamente aceites do espaço, da mecânica quântica e da composição básica do nosso próprio sistema solar - esperemos que isso conduza a uma compreensão do nosso próprio momento no tempo.

Neste momento, espero ter desenterrado algum contexto por detrás desta pergunta aparentemente simples e ter suscitado algum entusiasmo e intriga.

A que devemos a nossa existência dentro deste vasto universo em constante expansão? Poderá o tempo ajudar-nos a descobrir as respostas às questões que coloco, ao tentar responder à pergunta: *o que é o tempo?*

Este, como muitas áreas de estudo do cosmos, é um assunto vasto. Por isso, no âmbito da minha investigação, identifiquei ideias e subcategorias específicas que, na minha opinião, me ajudarão a encontrar o caminho mais direto para uma conclusão. Além disso, a magnitude do conflito nas ideias e teorias que rodeiam este assunto é suficiente para encher este relatório dez vezes, por isso alienei várias teorias que lançam mais luz sobre o assunto, bem como as que têm sido amplamente aceites neste campo.

A Teoria Geral da Relatividade e a teoria quântica têm sido extremamente pouco cooperantes ao longo dos anos, mas a recente ascensão da teoria das cordas e da teoria das supercordas (a ideia de que as partículas actuam como ondas em pedaços de cordas; com picos, ondulações, laços, colisões e dobras) conseguiu unificar as duas ao ponto de termos um conjunto de leis científicas que são estáveis desde o segundo da singularidade do big bang, há 13,7 mil milhões de anos, até agora.

Anteriormente, as leis da gravidade de Einstein foram quebradas quando rastreámos o tempo até ao big bang. As suas leis revelaram verdades espantosas sobre a natureza da gravidade e os seus efeitos em grandes corpos no universo, grandes áreas de matéria e regiões densas do espaço. Mas não se debruçaram sobre o impacto microscópico da gravidade nas partículas subatómicas, quando os corpos estão alienados do seu meio envolvente.

Foi aqui que a teoria ficou aquém das expectativas. Quando recuamos 13,7 mil milhões de anos até ao início do Universo, descobrimos que o mundo microscópico tem um enorme impacto no estado do Universo que observamos atualmente.

A unificação destas teorias é um elemento crucial desta investigação. Apresentou-nos novas teorias sobre o porquê de estarmos aqui, como chegámos aqui e de onde viemos.

Um bom ponto de partida é a descrição de Einstein da causalidade. O grande cientista afirmou uma vez que cada efeito deve ser precedido por uma causa. Isso contradiz completamente qualquer teoria que posicione o big bang como o início dos tempos. Isso levanta uma questão simples: se todo efeito tem uma causa, que causa precedeu o big bang? Qual foi o ponto anterior no tempo? Poderá a resposta a esta pergunta revelar verdades sobre a origem do próprio tempo?

2. O relógio atómico

Ao estudar o cosmos, somos obrigados a lidar com o muito grande e o muito pequeno, ambos de volumes inconcebíveis. Comecemos pela Via Láctea, a nossa galáxia-mãe. O tempo desempenha um papel crucial na forma como descobrimos a nossa posição dentro desta selva de estrelas. Quando olhamos para o nosso modelo do sistema solar, compreendemos agora que nós, e os outros planetas que o ocupam, orbitamos o Sol de uma forma uniforme e mecânica.

A atração gravitacional do Sol mantém a Terra e sete outros planetas (discutível) presos num sistema em espiral que gira constantemente numa formação poética e precisa. Mas isto não é inteiramente verdade. O tempo aparente do sistema solar está constantemente a mudar e a ser alterado por acontecimentos que ocorrem na nossa galáxia.

Na década de 1920, o telescópio Hooker, de 100 polegadas, instalado no topo do Monte Wilson, descobriu que o universo estava de facto a expandir-se, em oposição ao modelo estático que Einstein tinha estabelecido. De facto, Einstein afirmava que existia uma constante cosmológica que se opunha *à* gravidade e mantinha todos os corpos do Universo a uma distância estável uns dos outros. Mais tarde, descreveu a constante cosmológica como o seu "maior erro" (Hawking, 2001).

No entanto, o telescópio fez observações exactas de galáxias distantes que se afastavam de nós, demonstrando que quanto mais longe estavam, mais depressa se moviam.

Esta foi a descoberta que finalmente nos deu uma oposição à natureza atractiva da gravidade e da matéria que, como Einstein tinha explicado, deveria estar a puxar tudo para um único ponto. Foi o momento eureka de que a comunidade científica estava à espera.

Os efeitos desta batalha entre a gravidade e a energia expansiva podem ser observados localmente. A nossa Lua aproxima-se cada vez mais de nós todos os anos, o que tem um impacto visível e muito bonito nas nossas marés aqui na Terra, como explica Galileu em *The Essential Galileo,* escrito por Finocchiaro em 2008.

A força gravitacional da lua eleva os oceanos numa protuberância enquanto a Terra continua a girar por baixo dela, criando uma fricção que abranda constantemente a sua rotação.

"Ao mover-se no céu, a lua atrai e eleva para si uma massa de água que a segue constantemente" (Finocchiaro, 2008). Isto causa um pouco de dor de cabeça quando se trata de medir os minutos de um dia. Com a velocidade de rotação da Terra a variar de um dia para o outro, cada dia tem uma duração diferente. Não há dois dias com a mesma duração.

Isto já é prova suficiente de que não podemos controlar o tempo. Não se trata de um sistema gravado em pedra, que funciona constantemente a um ritmo universal. A própria essência do tempo é imprevisível e indeterminada.

Uma vez que descobrimos que o tempo não é certamente um produto fabricado pelo homem, o passo seguinte é descobrir a sua origem. Ao fazê-lo, podemos potencialmente identificar o nascimento do tempo.

Algumas teorias sugerem que há 13,7 mil milhões de anos, imediatamente antes do big bang, não havia nada. O universo ainda não tinha sido criado e, portanto, não havia tempo.

Durante a era de Planck (10 trilionésimos de um yoctossegundo), após o big bang, 100 mil milhões de galáxias foram espremidas no núcleo de um átomo. Este estado de pura energia e calor resultou em colisões que produziram quarks; os primeiros blocos de construção da matéria que conhecemos hoje (How It Works, 2010). Os quarks e os antiquarks começaram a colidir, resultando na emissão de fotões de luz. O primeiro sinal visível que pudemos detetar a partir da Terra. No sentido observável, este é o início do tempo mensurável.

No entanto, ainda não observámos esta luz na sua forma primária a partir da Terra. A mais antiga fonte de luz detectada é uma galáxia que se crê ter-se formado cerca de sete milhões de anos após o big bang.

O problema de observar as fontes de luz mais antigas é que estamos essencialmente a observar o passado, devido ao facto de a luz viajar a uma velocidade constante; a velocidade constante de 186 000 milhas por segundo. Isto significa que quanto mais antiga for a fonte, mais para trás no tempo estamos a olhar.

A luz viaja na nossa direção a partir de fontes que se afastam a grande velocidade. Estas ondas de luz ficam esticadas, o que nos ajuda a identificar a sua idade. Trata-se do Efeito Doppler - a relação entre velocidade e comprimento de onda que nos ajuda a determinar a velocidade e a direção da luz, desvendando assim o segredo da sua idade no tempo.

Se uma fonte de luz estiver a mover-se na nossa direção, os picos das suas ondas chegarão até nós cada vez mais frequentemente, à medida que a distância que cada pico percorre se torna mais curta do que a sua antecessora. Este sinal de onda comprimido aparecerá à esquerda de um espetro de luz na área azul, apropriadamente designado por desvio para o azul. Em contraste, as fontes de luz que se afastam mais terão as suas ondas esticadas à medida que se afastam mais e mais de nós, fazendo com que a sua posição no espetro apareça a vermelho; um desvio para o vermelho.

O Efeito Doppler é a analogia perfeita para olhar para trás no tempo. Em termos leigos, quanto mais deslocada para o vermelho parecer uma fonte de luz, mais velha ela é (Hawking, 2001).

Descobriremos que a luz desempenha um papel importante na forma como percepcionamos o tempo. Afinal de contas, o tempo é uma perceção relativa a cada ser humano. Isto, claro, se Einstein tiver razão na sua teoria da relatividade. Só podemos medir o tempo fazendo observações em sequência ou ordem, e a única forma de observarmos as coisas é se elas estiverem a emitir ou a refletir luz - tornando-as fisicamente visíveis.

Einstein dá-nos um modelo perfeito para manter registos estáveis do tempo no universo tal como o conhecemos. Os corpos maiores e as nuvens de poeira estelar estão constantemente a fazer ricochetear os fotões de luz uns nos outros e a desviá-los para a Terra, fornecendo-nos dados que podemos utilizar para determinar de onde veio a fonte de luz, quando foi emitida pela primeira vez e por que razão.

Para compreendermos verdadeiramente este facto, temos de nos concentrar primeiro na emissão em si. Se estamos a dizer que a única forma de calcular ou registar o tempo é utilizando a luz, então temos de investigar o primeiro ponto de emissão, a fase mais precoce possível para detetar o tempo.

Precisamos de dividir o tempo no ponto mais pequeno possível para termos uma ideia da sua unidade quântica; um único ponto de tempo.

O ponto mais pequeno de tempo que podemos detetar aqui na Terra é conhecido como o segundo de Planck; 10 a menos 43 segundos, ou seja, 1 com 42 zeros a seguir. A distância mais curta que a luz pode percorrer, que podemos detetar, é nesse tempo. Dois únicos pontos de referência: a emissão da luz e a sua chegada a um novo lugar.

Cada evento que acontece dentro destes dois pontos é mensurável.

Agora, o segundo, tal como o conhecemos, parece muito mais longo do que se pensava. Com isto em mente, podemos ter uma noção da vastidão do tempo. Mas parece que só nos apercebemos da passagem do tempo em pedaços grandes e mais facilmente mensuráveis.

O ditado "não há horas suficientes no dia" parece agora ridículo. A verdade, como descobrimos, é que milhares e milhares de milhões de acontecimentos se desenrolam no interior do mundo microscópico, em tempos microscópicos que não conseguimos detetar.

É aqui que a partícula subatómica se torna tão importante. A mecânica quântica ajuda-nos a compreender *o* ponto único do tempo detetável. Num átomo, um núcleo é orbitado por uma nuvem de electrões.

Este diagrama mostra a construção básica de um átomo

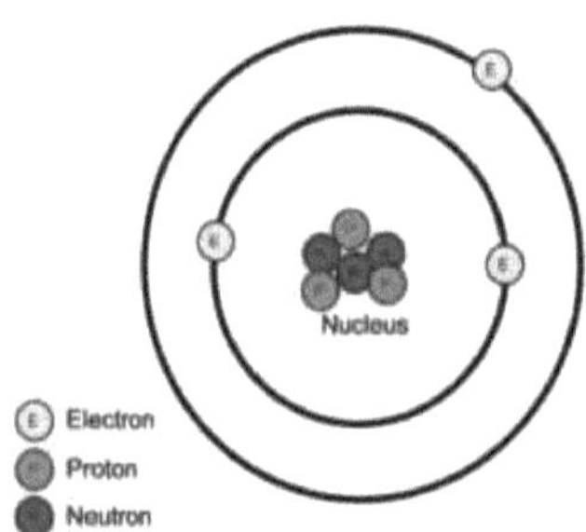

O eletrão (de carga positiva) desloca-se de um ponto para outro dentro do seu átomo, ainda em órbita, quase como se mudasse de faixa de rodagem numa autoestrada, enquanto conduz a uma velocidade definida.

É quando o eletrão regressa à sua posição original que emite luz sob a forma de fotões. Isto demora um segundo de Planck. Estas ondas de luz são emitidas a uma frequência muito constante: nove mil milhões de picos por segundo. Por conseguinte, há nove mil milhões de tiques por segundo atómico. Esta medição precisa é o registo mais exato do tempo no universo.

Este é o mais pequeno tique detetável tal como o conhecemos. Isto significa que tudo o que acontece mais depressa do que esta constante é completamente estranho para nós. A nossa compreensão do tempo, tal como o conhecemos, termina aqui (Cox, 2008).

3. Albert Einstein e a Teoria Geral da Relatividade

"Quando um homem se senta com uma rapariga bonita durante uma hora, parece um minuto. Mas se ele se sentar num fogão quente durante um minuto - é mais longo do que uma hora. Isso é relatividade!" - Albert Einstein, retirado de Quantum Theory Cannot Hurt You de Marcus Chown.

O físico alemão Albert Einstein nasceu em Ulm em 1879, pouco antes de se mudar para Munique, onde o seu pai e o seu tio abriram um negócio de eletricidade. O negócio não foi muito bem sucedido e, em 1894, a família mudou-se para Milão.

Concluiu os seus estudos na Escola Politécnica Federal, conhecida como ETH, em Zurique, no ano de 1990. Dois anos depois, assumiu um cargo júnior no gabinete de patentes suíço em Berna. Durante o período em que esteve lá, escreveu três artigos que o tornaram num dos melhores cientistas do mundo.

Nesses trabalhos, deu início a revoluções conceptuais que ainda hoje nos acompanham. As suas ideias moldaram as mentes dos nossos melhores cientistas, ideias que mudaram a forma como compreendemos os conceitos mais complicados que existem - o espaço e o tempo.

Einstein tinha contestado as teorias de Newton sobre a gravidade, que nos foram apresentadas pela primeira vez nos seus famosos trabalhos; *Principia Mathematica* (Os Princípios Matemáticos da Filosofia Natural) em 1687. Os artigos discutiam o movimento de grandes corpos no universo e a ideia de gravidade, seguindo a famosa fábula da maçã que lhe bateu na cabeça quando estava sentado debaixo de uma árvore (se isto é verdade ou não, nunca saberemos).

Eis o debate que deu origem a tudo: a maçã atingiu Newton devido à atração gravitacional que a puxava para baixo ou porque a Terra estava a acelerar para cima?

Se a resposta fosse a segunda, então todos os lados da Terra estariam a acelerar ao mesmo ritmo, mas teriam de permanecer à mesma distância uns dos outros. Este modelo não funciona para uma Terra esférica e, por isso, Einstein criou a teoria de um espaço curvo que incorporava a gravidade e a aceleração.

Afirmou que, devido à força da gravidade, os corpos maiores curvavam e deformavam o espaço em formas curvas que desviavam os objectos que passavam perto deles. Na superfície de um corpo grande, como a Terra, a gravidade é tão forte que curva o espaço quase num ciclo completo, o que faz com que os objectos sejam puxados diretamente para ela.

A dimensão do espaço pode quase ser vista como um pedaço de tecido, estendido numa superfície plana. Quando se colocam objectos no interior do tecido, este distorce a sua forma e consistência. Qualquer coisa que tente mover-se através dele em linha reta terá o seu caminho dobrado e variado pela natureza curva do tecido (Einstein, 1916).

É claro que não devemos tirar nada a Newton. A sua descoberta e a consequente equação da gravidade foram tão inovadoras que permitiram a Einstein apresentar-nos a fórmula em que se baseia a física moderna.

Newton sugeriu que cada massa pontual em todo o universo atrai todas as outras massas pontuais com uma força que é igual ao produto da massa pelo quadrado da distância entre elas. As duas massas têm uma força combinada que aponta ao longo da linha que intersecta os dois pontos de massa.

A sua equação era a seguinte:

$$F = G\frac{m_1 m_2}{r^2}$$

F é a força entre as massas, *G* é a constante gravitacional, *M* 1 e 2 representam as duas massas e *R* é a distância entre estas massas.

Este trabalho tem um valor inestimável para este trabalho porque a descoberta das leis da gravidade ajudou-nos a compreender a forma como o universo se move.

Compreender a forma como o espaço se move é compreender a forma como nos movemos. Graças a Einstein, sabemos agora que nos movemos no tempo da mesma forma que nos movemos no espaço. Por conseguinte, Newton foi uma peça vital no puzzle que nos levou até onde estamos agora.

Os trabalhos e as descobertas de Einstein valeram-lhe o Prémio Nobel da Física de 1921 pelos seus serviços à física teórica. No entanto, a Teoria Geral da Relatividade foi apenas o início.

Antes de Einstein, sugeria-se que o tempo era um modelo infinito que corria separado do espaço. A ideia de Newton sobre o tempo era que este era como um caminho de ferro que corria infinitamente em ambas as direcções - infinitamente para o passado e infinitamente para o futuro. Esta ideia sugeria que as coisas que aconteciam no tempo não eram afectadas pelo próprio tempo, mas apenas monitorizadas por ele.

Muitos filósofos consideraram este facto muito intrigante. Se o universo tinha um criador, mas o tempo estava a correr infinitamente, então porque é que demorou tanto tempo a aparecer? Porque é que ainda não tinha sido criado? E se o futuro é um tempo infinito, então porque é que todos os acontecimentos não aconteceram já? Foi Immanuel Kant que colocou estas questões no seu livro *A Crítica da Razão Pura,* em 1781. Ele descreveu a proposta matemática como uma contradição. Não havia uma resolução lógica para estes problemas. Criticamente, estes problemas só existiam dentro do modelo matemático newtoniano (Kant, 1781). É aqui que Einstein vem em socorro.

Albert Einstein sugere que não existe um tempo absoluto. Não existe um relógio universal que faça tique-taque e não estamos a vaguear pelas profundezas do espaço enquanto o tempo nos envelhece a um ritmo constante (Einstein, 1916).

Einstein afirmou que o tempo é relevante para cada indivíduo e que duas pessoas só poderiam concordar com o tempo se estivessem ambas em repouso e na mesma posição. É aqui que a relatividade toma o seu nome.

Einstein descobriu que o tempo era, tal como o espaço, uma dimensão em si mesmo. Era uma dimensão em que vivemos, por oposição a algo separado no fundo, como Newton tinha sugerido.

Einstein argumentou que o espaço e o tempo estavam inextricavelmente entrelaçados e interligados e que um afectava o outro. A deformação do espaço afectava a passagem do tempo. Por conseguinte, temos de começar a considerar os dois como estando em estreita ligação.

É a isto que Einstein chamou "espaço-tempo". Este é o universo tal como o conhecemos; a combinação do espaço e do tempo como dimensões iguais.

Este é um conceito muito difícil de compreender porque, ao contrário do espaço, que imaginamos como a área entre as estrelas ou o nosso caminho para o trabalho, o tempo é algo que não tem existência física. Perdemos o contacto com a nossa mente quando tentamos estabelecer uma espécie de modelo coerente de uma dimensão temporal.

Einstein facilita-nos a tarefa. Descobriu que existe um limite de velocidade cósmica: a velocidade da luz. Nada se pode mover mais depressa do que a velocidade da luz, que viaja a 186.000 milhas por segundo, relevante para tudo.

Ele descobriu que, independentemente da direção para a qual se está a olhar e da velocidade a que se viaja, a luz parecerá sempre estar a esta velocidade.

Posteriormente, Einstein extinguiu a ideia do éter, um material elástico que preenchia o espaço. Os cientistas fizeram inúmeras experiências para tentar descobrir como é que a luz se movia através do éter e como é que o éter perturbava a sua velocidade e direção.

No entanto, depois de todas estas experiências, nunca se verificou uma diferença na velocidade da luz que viajava em qualquer direção, em direção a uma fonte ou para longe dela. Em 1887, Albert Michelson e Edward Morley, na Case School of Applied Science, em Cleveland, Ohio, pensaram que a luz não era, de facto, afetada pelo éter. No entanto, Einstein afirmou mais tarde que, se não se pode detetar o seu movimento no espaço, então não há necessidade do éter. A ideia era redundante.

O Professor Stephen Hawking explicou isto maravilhosamente no seu livro mais famoso; *Uma Breve História do Tempo,* que foi citado como a "sensação editorial da última década", pelo The Spectator (Hawking, 1988).

Foi esta descoberta que levou Einstein a afirmar que não existia um tempo universal que funcionasse a uma velocidade constante para todas as pessoas. Se a luz viaja à mesma velocidade para todos os observadores em movimento livre, então cada observador em movimento livre deveria certamente ter o seu próprio relógio, funcionando a velocidades diferentes relativamente ao seu movimento.

Quando o postulado de Einstein foi sugerido, apresentou algumas consequências importantes.

A mais famosa é a relação entre energia e massa. Einstein sabia que se a velocidade da luz fosse uma velocidade constante para tudo o que se movesse, então nada se poderia mover mais depressa. Isto porque quando se usa energia para acelerar qualquer coisa - uma partícula, por exemplo - quanto mais se acelera, mais massa ganha, tornando mais difícil acelerá-la ainda mais.

Por conseguinte, necessita de mais energia para ganhar velocidade, o que, por sua vez, produz mais massa. Para acelerar uma partícula mais rapidamente do que a velocidade da luz seria necessária uma quantidade infinita de energia, uma vez que a energia e a massa são equivalentes.

Einstein resumiu este facto na equação possivelmente mais famosa de todos os tempos: $E=mc2$, em que E é a energia, m é a massa e c2 é a velocidade da luz ao quadrado.

Einstein tinha sugerido a descoberta mais controversa de todos os tempos. Estes modelos anularam as duas teorias mais aceites do nosso universo: o repouso absoluto e o tempo absoluto. No entanto, Einstein não foi levado a sério durante anos; só foi considerado a partir de 1919, durante uma expedição à África Ocidental, quando foi observada uma ligeira curvatura da luz de uma estrela que passava pelo Sol durante um eclipse. Este facto forneceu provas diretas de que o espaço e o tempo são deformados. Esta observação mudou radicalmente a perceção do universo.

Se não existe um tempo absoluto e ninguém pode concordar com um tempo, então quem sabe o tempo? Quem poderia calcular a posição exacta do tempo no Universo? A resposta, segundo Einstein, é ninguém. O tempo é agora uma dimensão através da qual viajamos, tal como o espaço. Deveríamos imaginar a velocidade da luz como uma permissão que temos para viajar através do espaço-tempo.

Quando estamos em repouso na Terra, estamos a viajar através da dimensão do tempo a 186.000 por segundo; a velocidade da luz. Quando começamos a mover-nos na Terra através da dimensão espacial (caminhando, correndo, conduzindo, etc.), aumentamos a nossa velocidade global. Qualquer velocidade que acumulemos é adicionada à nossa velocidade de 186.000 milhas por segundo.

No entanto, já sabemos que não nos podemos mover mais depressa do que o limite de velocidade cósmica. Por isso, algo tem de ceder. Uma destas velocidades tem de diminuir para que possamos ter alguma margem de manobra. Foi assim que Einstein explicou o abrandamento do tempo para os movimentos relativos.

Quando começamos a acelerar na dimensão espacial, para nos mantermos abaixo do limite de velocidade cósmica, a nossa velocidade na dimensão temporal abranda. Assim, o nosso relógio passa a funcionar mais lentamente, fazendo com que um segundo individual seja mais longo do que o de alguém que está em repouso.

O relógio de luz é um exemplo hipotético que explica, com grande coerência, o que Einstein quis dizer quando escreveu sobre simultaneidade e tempo na física no seu livro *Relatividade: A Teoria Especial e Geral* (Einstein, 1916).

Este exemplo explica como duas pessoas não podem concordar com o tempo, relativamente ao seu movimento. O abrandamento do tempo para certas pessoas é um conceito confuso, que levanta a questão de que, se o tempo é relativo a todas as pessoas e está em constante mudança para todos, então certamente todos estarão a envelhecer a ritmos diferentes.

Isto sugere que outra pessoa que tenha nascido no mesmo dia que você, à mesma hora, estaria a envelhecer a um ritmo completamente diferente do seu. Se essa pessoa fosse um viajante atento e você passasse os seus dias num só lugar, a diferença seria minúscula, mas suficiente para ser calculada. Esta teoria foi questionada na física como o paradoxo dos gémeos. Se pegarmos num par de gémeos e enviarmos um deles, *a,* para o espaço, numa viagem em que viaja quase à velocidade da luz, enquanto o gémeo *b* permanece na Terra, o tempo de *a* será muito mais lento do que o de *b* na Terra, pelo que, quando *a* regressar, será muito mais novo do que o seu gémeo, relativamente.

Isto viola todas as leis do senso comum, mas as experiências provaram que, neste caso, é cientificamente correto.

A razão pela qual o relógio abranda para o gémeo *a* é mostrada, como já referi, aqui no exemplo do hipotético relógio de luz.

Imagine-se sentado num comboio que se desloca a uma velocidade constante, *v*, e eu estou sentado num talude, paralelo ao comboio, em repouso. Tens na mão o relógio luminoso. Este relógio é constituído por duas folhas, a folha *a* e a folha *b,* que se encontram a uma distância fixa uma da outra: 1 metro, *d.* Um feixe de luz incide nas folhas *a* e *b* à velocidade cósmica limite, representada pela letra *c.*

Cada vez que o feixe de luz regressa à folha *a,* o relógio regista um tique-taque. O utilizador mede este tique-taque como uma velocidade constante e consistente, pois está em repouso, relativamente à sua posição no comboio. No entanto, para mim, que estou sentado no talude, estás a mover-te à velocidade *v* e eu estou em repouso em relação ao talude.

Assim, quando o comboio passa por mim à velocidade *v,* e eu registo a posição *(x)* da folha *a* quando esta desvia o feixe de luz para a folha *b,* em relação a mim, a folha *a* continuará a mover-se até que a luz volte à sua superfície, altura em que terá percorrido uma determinada quantidade de espaço.

Por conseguinte, a distância entre a posição original *da* folha *a (x)* e a nova posição *(z)* representa o tempo que esta abrandou, apenas em relação a mim, que consigo ver visivelmente as folhas a deslocarem-se com velocidade. Designaremos essa distância por *y.*

O que temos de fazer aqui é calcular a distância de uma folha à outra. Para isso, basta calcular o tempo que o feixe de luz demora a fazer meio tique e elevar esse valor ao quadrado pela velocidade da luz. No entanto, já sabemos que a distância é de 1 metro, pelo que podemos contornar esse ponto. Estabelecemos que $d = 1$ metro, mas agora precisamos de duplicar essa distância por causa do percurso de regresso. Agora temos $2d$. Para si, no comboio, a luz está a viajar simplesmente $2d/c$ porque está a viajar 2 metros à velocidade da luz.

Com este resultado em mente, podemos calcular em quanto o relógio está a andar mais devagar para mim no aterro; o valor de y. *Digamos* que o comboio está a mover-se a uma velocidade de 300 km por hora, o que significa $v = 300$ km por hora. $v2$ dividido por $c2$ é um número muito pequeno; algo em torno de 0,000000000000077.

Este número representa o tempo necessário para fazer um tique-taque completo a bordo do comboio. Agora, temos de dividir este número pelo resultado do fator pelo qual o relógio está a andar devagar. Esta é uma quantidade chamada "gama", que é muito importante na relatividade, de acordo com Einstein. É a quantidade pela qual medimos a relatividade e que deve ser sempre maior do que o valor de 1. Encontramo-la dividindo c pelo resultado de $c-v$ (ao quadrado).

Vamos usar 1 para representar gama e agora dividi-lo por si mesmo, menos o nosso 0,000000000000077 que é igual a 1,000000000000039. Este é o tempo em que o relógio abrandou para si, em relação a mim no aterro. É uma quantidade minúscula devido à velocidade do comboio, mas se a velocidade do comboio ultrapassasse o limite de velocidade cósmica, os efeitos seriam enormes.

Trata-se de um conceito complicado, mas temos provas matemáticas de que, relativamente a certas pessoas, o tempo é diferente. Einstein estava correto (Cox, Forshaw, 2009).

Nesta secção, a abordagem de Einstein à física ajudou a desenvolver uma compreensão da forma como o espaço e o tempo estão inextricavelmente interligados. Podemos usar isto agora como um argumento forte quando procuramos mais respostas sobre a natureza do tempo.

4. Dimensões Extra, Universos Múltiplos e Teoria Quântica

Ao longo deste capítulo, gostaria de me aproximar um pouco mais de uma resposta à nossa pergunta, discutindo algumas ideias mais abstractas. Foi Max Planck que, em 1900, abriu caminho a uma dessas ideias abstractas: a teoria quântica.

Descobriu que a radiação proveniente de corpos incandescentes era explicável se fosse emitida em pequenos pacotes conhecidos como quanta. Einstein escreveu num dos seus artigos de 1905 que a hipótese de Planck podia explicar o efeito fotoelétrico. Este efeito ocorre quando certos metais emitem electrões quando a luz incide sobre eles.

Esta é agora a base de muitos dos detectores de luz modernos. Foi este trabalho de Einstein que, de facto, lhe valeu o Prémio Nobel que mencionei anteriormente.

A forma como a teoria quântica nos ajudará nesta tarefa é o facto de lidar com o mundo microscópico. O muito pequeno é algo que já ajudou nesta busca, sob a forma do relógio subatómico mencionado no capítulo anterior.

O quantum é definido como o pedaço mais pequeno em que uma partícula se pode dividir. Isto significa que a versão quântica de qualquer coisa está alienada do seu meio envolvente. Alienar as partículas do seu meio envolvente ajudar-nos-á a obter uma indicação das condições existentes na altura do Big Bang, algo que a relatividade não nos pode dar.

Alienar as coisas do seu meio envolvente também nos mostrará algumas situações muito únicas e obscuras que parecerão extremamente improváveis na nossa realidade. Mas ao discutirmos os estudos dos maiores físicos de sempre sobre a mecânica quântica, veremos que estas situações são maravilhosamente relevantes na nossa realidade e que desempenham um papel importante na nossa missão aqui.

No entanto, Einstein nem sempre foi um grande fã da mecânica quântica. Foi um homem preocupado durante o seu trabalho neste domínio até à década de 1920, quando

Werner Heisenberg desenvolveu o agora famoso princípio da incerteza de Heisenberg. Esta teoria sugeria que quanto maior fosse a precisão com que se pudesse determinar a velocidade de uma partícula, menor seria a precisão com que se poderia determinar a sua posição e vice-versa.

Na física clássica, acreditava-se que, se conhecêssemos o movimento de algo no presente, poderíamos determinar o seu movimento no passado e no futuro. Nada era incerto e isto foi designado por "determinismo". No entanto, esta ideia foi rapidamente derrubada quando a teoria quântica foi desenvolvida no início dos anos 1900 e tudo o que sabíamos e aceitávamos foi posto em causa.

Foi isso que a introdução da teoria quântica fez. Expôs as ideias dos maiores físicos e pôs em dúvida todas as leis fundamentais do universo (J.P. McEvoy, 2007).

Em 1927, uma reunião internacional de físicos em Bruxelas reuniu um grupo exclusivo de cientistas para discutir e, posteriormente, elaborar as ideias básicas da fórmula quântica.

Nove cientistas participaram nesta reunião específica para darem o seu contributo para a estrutura. Todos eles receberam o Prémio Nobre pelos seus dois cêntimos.

A Conferência de Solvay contou com a presença de Einstein, Bohr, Planck, Pauli, De Broglie, Dirac, Heisenberg, Schrodinger e Born. Ver este elenco de elite de físicos discutir a teoria mais complexa de todos os tempos seria comparável a assistir a uma reunião em que Maxwell, Faraday, Galileu, Newton e Kepler discutissem o desenvolvimento da física clássica.

Cada cientista retirou da reunião a informação recentemente absorvida e começou a conceber um conjunto de leis que incorporavam as ideias.

Após séculos de avanços e centenas de debates paradoxais, a teoria quântica ascendeu à vanguarda da física moderna. Tornou-se a teoria mais estudada de todos os tempos e produziu o maior número de pontos de interrogação, levantou o maior número de sobrancelhas e foi responsável pelo maior número de noites sem dormir.

No seu livro "A teoria quântica não te pode magoar", Marcus Chown explica delicadamente que a teoria quântica produz paradoxos que não têm resposta na física clássica e que situações irrealistas se tornam possíveis quando abrimos a nossa mente para o surreal e o impensável. Graças às descobertas dos cientistas acima mencionados, podemos agora começar a ver onde o tempo se transforma de um amigo conhecido num estranho completamente inexplicável com tendências para gerar consequências verdadeiramente notáveis.

Uma das descobertas mais importantes, que está na base da escultura gigante da teoria quântica, é a descoberta de que a luz pode aparecer tanto como ondas como como partículas.

Esta ideia incrível sugere que algo detetável pode ser duplicado como duas entidades separadas. Foi Thomas Young que desenvolveu uma experiência que demonstrou este resultado no início do século XIX. A experiência da fenda dupla lança luz (desculpem o trocadilho) sobre a natureza do funcionamento da luz a nível subatómico.

Se a luz puder aparecer como ondas, então irá interagir com partículas colidindo nos seus picos e permanecendo inalterada nos seus vales. Se a luz for emitida como partículas, então colidirá com outras partículas de forma completamente aleatória.

A teoria quântica obrigou os físicos a aceitar que tudo acontece ao acaso; as coisas acontecem porque acontecem. Causa e efeito são agora redundantes. Podemos prever, com grande exatidão, a imprevisibilidade de algo, mas não podemos prever a sua natureza absoluta. Como Heisenberg demonstrou, quanto mais exacta for a determinação da velocidade de uma partícula, menos exacta será a determinação da sua posição.

Assim, a experiência da dupla fenda foi criada fazendo duas fendas numa tela opaca, ambas verticais e muito próximas umas das outras. Young posicionou então um outro ecrã intocado no caminho do ecrã que acomodava as duas fendas. Apontou uma luz de uma só cor para o ecrã e questionou que: se a luz fosse emitida como ondas, estas viajariam através das fendas e produziriam novas ondas à medida que passassem. Estas ondas interagiriam então do outro lado por interferência.

Foi exatamente isso que os resultados mostraram, pois observou uma série de faixas claras e escuras no outro ecrã, onde a interferência destrutiva ocorria quando duas ondas periódicas idênticas chegavam ao mesmo ponto fora de fase por meio comprimento de onda. As que chegavam exatamente a um comprimento de onda inteiro causavam interferência construtiva (J.P.McEnvoy, 2007). Mas isto levantou um grande problema. Quando os físicos começaram a questionar a ideia de a luz ser uma onda que se espalha por áreas do espaço, descobriram que a relação entre a luz e os átomos se tornava muito nebulosa. Como é que os átomos podem absorver a luz se são ondas gigantes que fluem pelo espaço? E, em contrapartida, como é que podem emitir essas grandes ondas? Sabemos que os átomos são coisas minúsculas e localizadas que ocupam o espaço e é impossível pensar que neles possam caber grandes ondas de luz.

"Nada cabe dentro de uma serpente como outra serpente", como diz M. Chown no seu livro. A resposta é simplesmente que a luz também é feita de partículas. Esta ideia sugere que a luz é visível como uma entidade localizada e também como uma entidade espalhada. Esta é uma noção ridícula no mundo quotidiano, mas o mundo microscópico é um lugar muito diferente. O mundo microscópico é milhões e milhões de vezes mais pequeno do que a realidade que podemos observar, pelo que o comportamento dos átomos é extremamente complexo. É de facto um mundo diferente, e tentar explicá-lo é algo que muitos físicos têm evitado.

Tentar explicar como é que algo está simultaneamente em duas formas ao mesmo tempo ultrapassa os limites da realidade tal como a conhecemos (Chown, 2007. Hawking, 1988).

A natureza da luz é algo para o qual não temos palavras. É impossível para nós descrever a sua natureza em termos de definição porque simplesmente não temos palavras. É completamente estranha. Tudo o que podemos dizer é que a luz actua como ondas e como partículas, mas isso é apenas uma descrição grosseira de um fenómeno desconhecido. O ponto de vista aceite era o de que vemos uma moeda de duas faces: umas vezes é o lado das ondas, outras vezes é o lado das partículas. O que é de facto a moeda, simplesmente não sabemos.

A imprevisibilidade entra agora em jogo. Marcus Chown descreve a dualidade onda-partícula da luz de forma muito simples no seu livro. Se uma onda de luz atinge uma janela, uma grande onda atravessa-a, permitindo-nos ver o que está do outro lado, e uma onda mais pequena é reflectida, permitindo-nos ver um reflexo ténue de nós próprios, como é que esta teoria simples funciona quando a luz é emitida como partículas idênticas a balas? A razão é que, no mundo microscópico, a palavra "idêntico" tem um significado muito diferente. Não significa que uma partícula idêntica actuará de forma idêntica a outra numa situação idêntica. O que significa é que tem uma probabilidade idêntica de agir de forma idêntica a outra. Esta incerteza intrigou muitos físicos. Porque é que, de repente, não podíamos prever as coisas com exatidão?

"Deus não joga aos dados com o universo", disse um Albert Einstein perturbado. Mas a verdade é que joga. Os fotões actuam de forma completamente aleatória e este é um fator fundamental porque significa que não temos qualquer controlo sobre o comportamento dos átomos. É um conceito muito confuso que levou tempo a assentar no mundo da física das partículas, mas é o que é. O Professor Stephen Hawking, de

Cambridge, aceitou este facto. Disse: "Deus não só joga aos dados com o universo, como os lança onde não os podemos ver" (Chown, 2007).

A dualidade onda-partícula da luz é o aspeto mais importante da compreensão da teoria quântica. A luz pode aparecer como ondas ou como partículas, mas nunca como ambas.

Como é que as ondas comunicam com as suas partículas alter-ego e acabam por produzir os mesmos resultados? Schrodinger desenvolveu o método para prever o possível comportamento das partículas. Sugeriu a ideia de uma onda imaginária que pode ser usada para determinar a previsibilidade de encontrar partículas na sua superfície. Nos pontos mais altos da onda, as hipóteses de encontrar partículas são mais fortes. Nos pontos mais baixos da onda, as hipóteses de existirem partículas são muito mais fracas.

A onda de probabilidade é um excelente método que os físicos utilizam para prever a posição não só dos fotões e seus semelhantes, mas também dos átomos e electrões e de praticamente tudo o que se encontra no mundo microscópico. O quadrado do ponto mais alto da onda é usado para determinar as hipóteses de existir uma partícula.

Por exemplo, se um ponto estiver duas vezes mais alto no espaço do que outro, é quatro vezes mais provável que haja uma partícula nesse quadrado (Chown, 2007).

Toda esta informação deve ajudar de alguma forma a explicar a natureza do tempo. Ou, no mínimo, deve tornar possíveis situações em que o tempo existiria antes do big bang ou talvez paralelamente ao nosso próprio universo. É aqui que as superposições desempenham um papel intrínseco; a ideia de múltiplos universos.

As sobreposições são o paradoxo em que caímos quando temos de assumir mais do que um resultado de uma situação que não podemos observar. Por esta razão, as sobreposições existem no mundo microscópico, pois são intocadas e invisíveis, o que permite que as sobreposições sejam possíveis. As sobreposições sugerem que uma situação que pode resultar em múltiplos resultados deve acomodar todos os resultados possíveis antes de desvendarmos e revelarmos o verdadeiro resultado do acontecimento.

Se existe a possibilidade de um resultado, então o resultado tem de existir. Foi isto que Schrodinger afirmou quando estava a trabalhar na dualidade das ondas e das partículas (Chown, 2007). Se colocássemos uma bola azul e uma bola vermelha dentro de um saco e agitássemos o saco, colocássemos uma venda nos olhos e retirássemos uma das bolas, não conseguiríamos dizer qual das bolas foi retirada do saco e qual ficou lá dentro. Portanto, a possibilidade de cada bola ser retirada existe até retirarmos a venda e descobrirmos qual a bola que foi efetivamente retirada. Só nessa altura é que a sobreposição de cada bola desaparece. Antes dessa altura, existe uma sobreposição da bola vermelha fora do saco (se é que foi a bola azul que foi retirada) e uma sobreposição da bola azul dentro do saco. Quando descobrimos que a bola azul é a bola fora do saco, a sobreposição dessa bola dentro do saco é destruída, pois o resultado é confirmado.

Porque é que isto é importante? Acredito que as sobreposições podem existir no mundo microscópico e isto significa que qualquer coisa microscópica pode estar em qualquer número de sítios ao mesmo tempo. Mas esses lugares não podem ser lugares como a Terra, porque poderiam interagir uns com os outros e isso destruiria a sua sobreposição. Assim, as restantes possibilidades são múltiplas camadas de um universo; múltiplas dimensões que albergam estas possibilidades e outros mundos que podem estar muito próximos do nosso, mas impossíveis de detetar.

A teoria das cordas sugere que pedaços de cordas tão bem entrelaçados que são impossíveis de ver podem existir à frente dos nossos olhos. Com este tipo de pensamento abstrato, somos capazes de fazer cálculos sobre a possibilidade de existirem outras dimensões. Dimensões que estão em contacto com a nossa, mas não a um nível de realidade que os humanos possam observar.

5. Teoria da Folha e Teoria do Momento Inverso

O Professor Neil Turok, da Universidade de Cambridge, desenvolveu uma teoria muito controversa sobre o início do universo tal como o conhecemos. Ele afirma que o nosso universo 3-D é apenas um de muitos que ocupam uma dimensão 4th, invisível; uma dimensão parental.

Ele acredita que o big bang deve ter tido uma causa anterior, um acontecimento que desencadeou a explosão da matéria que, desde esse segundo, se tem expandido para sempre. Se ele estiver certo, então a ideia de que o tempo começou no big bang estaria errada. Significaria que o tempo já estava a contar antes de o podermos registar. Os acontecimentos estavam a ocorrer e a matéria já existia numa altura em que nós não existíamos. Se quisermos continuar a assumir que o tempo não é um sistema criado pelo homem, mas sim um sistema que adoptámos e adaptámos às nossas sociedades, temos de aceitar que é possível que o tempo tenha existido antes do início do big bang. O tempo pode ter existido antes do nosso universo.

thA ideia desta teoria, que conduziu ao Big Bang, é que a nossa folha está localizada nesta dimensão invisível, muito próxima de uma outra folha e que, num dado momento, há 13,7 mil milhões de anos, as duas colidiram, dando origem ao Big Bang. Estas folhas são conhecidas como membranas ou branas e encontram-se na teoria M - um spin-off da teoria das cordas.

Estas colisões podem estar a acontecer a todo o momento, mas não as conseguimos detetar, pois o nosso universo parece infinito (www.wired.com, 2008). O que quer que esteja a acontecer fora do nosso domínio será para sempre impossível de testemunhar. Isto deixa aberta a janela para as sobreposições de tudo. Se cada átomo tem um anti-átomo e toda a matéria tem anti-matéria, então, de repente, com a introdução de múltiplos universos dentro desta dimensão 4th, a ideia das anti-versões de nós próprios torna-se possível, se não um pouco rebuscada.

O que nos garante que a folha que possivelmente colidiu com a nossa não produziu exatamente as mesmas consequências dentro dessa folha que produziu dentro da nossa? Poderíamos ser um de dois universos idênticos situados próximos um do outro dentro de uma dimensão maior e invisível. Os efeitos dos acontecimentos ocorridos desde o Big Bang não podem ser duplicados em qualquer outro sistema, uma vez que determinámos o comportamento aleatório das partículas, pelo que as hipóteses de um outro universo se parecer com o nosso são muito reduzidas - mas não impossíveis, e esse é o fator mais importante a considerar quando se discutem conceitos abstractos. Só podemos sugerir, acreditar ou estimar certas situações, mas tudo o que observámos e certamente tudo o que não podemos observar é possível na lei científica.

Se ligarmos agora estas ideias às ideias de Einstein sobre o espaço-tempo, podemos começar a desenvolver algumas ideias muito interessantes sobre a natureza do tempo e as suas possíveis formas de funcionamento. Uma das formas é uma teoria que não incorpora o tempo antes do Big Bang, mas que faz uma sugestão sobre a natureza da expansão e contração do Universo.

Há muitas teorias divertidas que podemos inventar e que seguem este conjunto de regras. A teoria do momento inverso poderia ser uma delas. Esta funciona com base na conservação do momento e na capacidade de nos movermos em qualquer direção no espaço. Quando consideramos a possibilidade de nos movermos para trás e para a frente no espaço, e Einstein explicou que o espaço e o tempo são praticamente a mesma coisa, então a ideia de o tempo se mover em direcções diferentes não pode ser facilmente desculpada.

Se olharmos para um pêndulo de secretária, com 4 rolamentos de esferas grandes pendurados por um fio numa pequena armação de prata assente sobre uma mesa, podemos imaginar o movimento da bola esquerda a bater na segunda bola à esquerda e depois ver a bola direita a voar para o ar, regressar e bater na segunda bola à direita e ver novamente a bola esquerda a voar para o ar. Este é um aparelho brilhante para utilizar quando se tenta resolver questões complicadas de física. A razão pela qual estas bolas continuam a balançar para a frente e para trás é a conservação do momento. O momento é uma medida do grau de dificuldade de parar algo. O momento é um produto da energia. A energia é conservada para sempre e não pode ser retirada ou reduzida no espaço-tempo, simplesmente é deslocada e transferida de certos corpos e sistemas para outros.

Quando temos uma pequena quantidade de impulso a fluir através dos rolamentos de esferas, estamos a ver energia a ser transferida repetidamente de uma esfera para a seguinte. Esta energia não tem nada que a pare ou remova. Por isso, continua a repetir o seu percurso vezes sem conta. O rolamento é projetado no ar por uma certa quantidade de energia, a energia perde-se para a gravidade e o rolamento cai para trás, embatendo no rolamento seguinte. A mesma quantidade de energia é transferida para o rolamento da outra extremidade. Este rolamento é atirado para o ar com a mesma energia que o outro rolamento e perde a força da gravidade no mesmo ponto. A esfera cai de novo na direção da sua vizinha com a mesma força que a do outro lado, uma vez que tem o mesmo peso e a mesma forma e foi largada da mesma altura devido à energia que a lançou.

Agora aplique esta fórmula muito simples ao universo. Digamos que o big bang é a estrutura de quatro bolas e uma moldura neste modelo. A expansão do Universo actua como o rolamento de esferas em cada extremidade e expande-se à medida que o rolamento de esferas é lançado para o ar.

Embora a expansão do Universo dê origem às galáxias que vemos e ao planeta em que vivemos, a energia acabará por ser inadequada ao poder da gravidade e a expansão parará e começará a contração do Universo. Isto pode ser visto como o rolamento de esferas a cair de novo em direção aos outros. Como a contração termina com uma réplica do big bang, onde a matéria de cem milhões de galáxias se encontra dentro de uma singularidade de densidade infinita, o impulso da contração provoca outro big bang que, por sua vez, inicia uma expansão numa direção completamente diferente. Se a mesma coisa voltar a acontecer, isto pode repetir-se vezes sem conta. Poderíamos estar a viver durante uma fase da teoria do momentum.

Não poderíamos detetar qualquer outro estado do universo. A mesma matéria seria lançada, os mesmos elementos seriam produzidos e o mesmo poder seria exercido. Esta possibilidade permite que superposições do nosso universo existam ao mesmo tempo que o nosso. Dando origem a tudo o que conhecemos num outro lugar invisível e indetetável.

É claro que se trata de uma ideia muito abstrata, mas isso não seria um passo em frente na física. O desconhecido e o impensável são a base de todas as teorias da física moderna que tentam explicar o estado do nosso universo, o seu nascimento e o seu possível fim. Se esta teoria fosse de alguma forma possível, então o tempo teria de correr para trás e para a frente entre cada expansão e contração, quer como uma coisa contínua, quer como uma coisa que recomeça com cada big bang. O tempo começaria e avançaria com a expansão, retrair-se-ia com a contração e depois recomeçaria com a expansão seguinte. No mundo da física das partículas e da teoria quântica, tudo é verdadeiramente possível. E isso leva-nos às setas do tempo.

Depois de olharmos para trás no tempo, para as teorias clássicas e para os trabalhos famosos que deram origem aos modelos da física moderna, é altura de voltarmos a nossa atenção para o futuro.

Este capítulo foi-me chamado à atenção pelos trabalhos do Professor Stephen Hawking no seu livro de 1988 *Fin History of Time*.

Podemos explicar o nosso estado no universo e a direção em que nos movemos com um modelo conhecido como as setas do tempo. As setas do tempo descrevem a relação entre a nossa perceção da passagem do tempo, do passado para o futuro, a taxa de expansão do universo e a transição entre o estado de ordem e desordem no universo.

A primeira seta é a seta termodinâmica que explica o elevado estado de ordem do universo à medida que este se torna cada vez mais desordenado. A seta aponta para a frente desde o momento do big bang, quando tudo era liso e estava numa posição, altamente ordenado e limpo. Agora, desde a expansão, o Universo está a tornar-se cada vez mais desordenado. É áspero, aleatório e complicado. Isto é conhecido como um estado de alta entropia. O Universo tem um grande númcro dc configurações microscópicas que afectam a sua aparência macroscópica.

O estado do Universo diz-nos que só é altamente ordenado na singularidade do Big Bang, quando toda a matéria foi comprimida numa região infinitamente densa do espaço. Isto só poderia voltar a acontecer se ocorresse uma contração em que a gravidade puxasse toda a matéria do Universo para um único ponto, tal como o big bang ao contrário. Este resultado é conhecido como o "big crunch" e é um destino potencial para o Universo. Coisas angustiantes.

Com esta seta a apontar para a frente, a nossa seta, a seta psicológica, na qual percebemos a passagem do tempo, também está a apontar para a frente. A entropia na nossa realidade é extremamente elevada para a maioria dos objectos e situações tal como os conhecemos. Por exemplo, num puzzle, só há uma disposição em que as peças podem ser manipuladas para formar uma imagem lógica que corresponde à parte da frente da caixa. No entanto, existem centenas e centenas (dependendo do volume de peças) de disposições em que as peças podem ser colocadas e que não completam a imagem lógica. Isto significa que o puzzle tem uma entropia elevada. As probabilidades de desordem são muito superiores às probabilidades de ordem, tal como acontece com o universo.

Além disso, à medida que o tempo passa, o universo torna-se cada vez mais desordenado e este facto é replicado na Terra devido à elevada relação de entropia entre os dois. Vemos coisas acontecerem na nossa realidade, que nos parecem completamente normais, mas as leis da ciência determinam que as coisas poderiam ser muito diferentes e não teríamos uma perna para nos apoiarmos ao tentar calculá-las. É apenas o facto de as setas estarem atualmente viradas na mesma direção que mantém as coisas "normais" para nós.

A terceira seta está agora envolvida. A seta cosmológica é a seta que aponta para a frente, correspondendo à expansão do universo, pelo que, enquanto estivermos a expandir-nos, a seta está a apontar para a frente. Estas setas devem estar todas viradas para a mesma direção, pois registam coisas que estão interligadas num sistema que as impede de serem alteradas individualmente.

O universo expande-se com a seta cosmológica. O estado de ordem está constantemente a mudar com a expansão. As coisas estão a tornar-se mais desordenadas seguindo a seta termodinâmica. E a nossa perceção do tempo avança do passado para o futuro com a seta psicológica.

Nesta situação, tudo parece estar a funcionar bem para nós, aqui na Terra. Mas se a situação de um dos três se alterasse e, por sua vez, invertesse a sua seta, a situação tornar-se-ia muito diferente. Hawking explica maravilhosamente o conceito de inversão de setas. Ele afirma que, se a taxa crítica de expansão abrandasse, ou seja, se o calor do universo arrefecesse substancialmente até ao ponto em que a expansão abrandasse tanto que a gravidade pudesse erguer a sua cabeça maléfica e apoderar-se da matéria e dos corpos no universo, tudo começaria a contrair-se e a ser puxado para um único ponto.

O resultado seria uma singularidade de tudo o que existe no Universo, como já foi referido. Se isso acontecesse, e é perfeitamente possível, embora não num futuro próximo, então a seta cosmológica que aponta para a frente, correspondendo à expansão do Universo, seria invertida e pareceria estar a apontar na direção oposta, correspondendo à contração.

A próxima pergunta a fazer é: onde é que isto deixa as duas setas restantes? É muito simples, porque o estado de desordem estaria agora a diminuir e o Universo estaria a recolher-se num único ponto, a desbastar as galáxias ocupadas e a juntar grandes corpos em corpos maiores e mais suaves.

A desordem estaria a mudar para um estado mais ordenado. Por conseguinte, a seta termodinâmica inverter-se-ia e a desordem tornar-se-ia ordenada. É aqui que a natureza abstrata da ciência confunde as grandes mentes. Nada na lei da ciência proíbe a situação prevista que se seguiria a estas mudanças.

A nossa perceção do tempo que passa do passado para o futuro teria de ser invertida para corresponder às outras setas. Assim, o tempo está agora a mover-se na direção oposta. Isto significa que a caneca que caiu do tampo da cozinha e se partiu em 5 pedaços se recolhe e volta a saltar para o tampo da mesa num só pedaço.

Isto parece absolutamente ridículo, mas apenas porque vivemos numa época em que todas as setas apontam para a frente. Assim, o facto de uma caneca cair de uma mesa e partir-se é perfeitamente lógico para nós, mas as leis da ciência determinam que, se essas setas se invertessem, a norma seria o contrário. Estaríamos, de facto, a andar para trás. O tempo ter-se-ia invertido e a nossa existência também.

Sem que o tempo se desloque para o futuro, não podem ocorrer novos acontecimentos. Portanto, todos os eventos seriam simplesmente uma réplica invertida do que já aconteceu.

Este facto coloca os cientistas perante muitas situações paradoxais que têm de ser resolvidas. Os efeitos precederiam as causas e a forma lógica da realidade estaria na ordem errada. Mas o facto é que a física é uma área de estudo abstrata. Muitas coisas maravilhosas, estranhas e impensáveis são perfeitamente lógicas quando fazemos experiências - muitas das quais resultam em tais consequências.

As setas do tempo a andar para trás podem acontecer, e o paradoxo é resolvido através de um método muito simples: o princípio antrópico (Chown, 2007).

Este princípio afirma que o universo é como é, em parte, porque se fosse diferente não seríamos capazes de o observar e fazer essa pergunta. Muitos cientistas estavam relutantes em aceitar este princípio, pois viam-no como um bode expiatório fraco para questões sem resposta.

Escapa-se à ideia abstrata das setas de inversão dizendo que, quando esta contração ocorrer, se alguma vez ocorrer, a humanidade já terá desaparecido há muito tempo e não estaremos por perto para observar as consequências.

Assim, o princípio antrópico vem novamente em socorro dos físicos. Os blocos de construção do universo são como um conjunto muito específico de ADN e, se este ADN fosse alterado da forma mais ligeira, não existiríamos e não poderíamos colocar a questão "porquê?".

Esta é também uma forma muito simples de compreender a ideia de universos múltiplos. A construção do ADN destes universos é tão ligeiramente diferente da nossa que nunca aparecem de uma forma que possamos detetar. Os cientistas afirmam que os universos estão constantemente a aparecer e a desaparecer de novo em nanossegundos, diante dos nossos olhos.

Com estas ideias em mente, podemos voltar aos dias de Einstein e ligar os dois para chegar à conclusão de que o tempo é um sistema que é simultaneamente moldável e fortemente influenciado por uma constante. Esta constante não pode ser alterada ou mudada. Tem o poder de nos destruir e de nos salvar. É simultaneamente bela e ofuscante. Permanece a mesma enquanto tudo o resto tem de mudar e moldar-se à sua volta para se manter assim. A luz é a constante que resulta na capacidade humana de detetar a passagem do tempo mensurável.

7. Conclusão

A vastidão e o carácter abstrato deste trabalho impediram-nos de responder a esta questão na íntegra desde o início. Recorrendo apenas à teoria científica e às ideias anteriormente apresentadas, tentei abordar a investigação e responder às questões que coloquei na introdução.

Penso que a teoria científica que pode ser provada, matemática e experimentalmente, é o melhor material para tentar resolver um mistério do cosmos.

Einstein e as suas ideias sobre a gravidade, misturadas com uma forte influência da gravidade newtoniana, levaram-nos a acreditar que, tendo em conta o comportamento de muitos elementos, nomeadamente a luz, podemos assumir que o tempo não é uma constante. Nesta perspetiva, temos de começar a imaginar o tempo como uma presença física. Esta é, na minha opinião, a parte mais difícil deste trabalho.

Localizar o tempo como uma dimensão algures entre as três que conhecemos é um processo de pensamento complicado e obscuro. A física ensina-nos a olhar para além do que conhecemos aqui na Terra e para um mundo totalmente incoerente e, acima de tudo, estranho para nós.

Não posso certamente sugerir qual é o tempo atual na Terra neste momento. Sabemos que seria cínico acreditar que o tempo começou com o big bang há cerca de 13,7 mil milhões de anos. Na sequência da investigação sobre a teoria microscópica, incluindo a teoria das cordas e das supercordas, descobrimos que existe a possibilidade de existirem dimensões extra e múltiplas histórias do Universo.

Algumas partes deste trabalho podem ter parecido retiradas diretamente de um filme de ficção científica. E, até certo ponto, suponho que podemos dizer que foram. As ideias abstractas dos filmes de ficção científica são tangíveis quando consideramos a imprevisibilidade e a obscuridade absoluta de algumas das ideias postas em prática pelos maiores pensadores do mundo.

O enredo de Interstellar parece menos rebuscado desde que discutimos as ideias do Professor Hawking sobre a inversão do próprio tempo. No entanto, a totalidade do filme continua a parecer-me mais improvável do que o paradoxo dos gémeos, com o qual fomos confrontados quando estudámos os postulados de Einstein sobre o tempo e o movimento absolutos.

Se estivermos a tentar resumir as nossas descobertas e chegar a uma conclusão fundamentada sobre o assunto, de modo a considerar este trabalho como uma obra completa, então não se enquadraria certamente na mesma categoria que muitos dos livros que aparecem na bibliografia. As teorias e as ideias testadas em física são belas e raras porque levam segundos a pensar, horas a acreditar e anos a desenvolver.

O facto é que, enquanto não pudermos entrar no mundo microscópico e testemunhar e registar os acontecimentos a um ritmo que é atualmente impossível, só podemos adivinhar.

Podemos aceitar ou acreditar nas teorias que nos parecem mais atractivas. Esta imprevisibilidade e sensação de desconhecimento é um resultado que contrasta totalmente com a própria ciência. Todos os cientistas que analisei neste relatório dedicaram as suas vidas a encontrar factos concretos sobre as ideias mais intrigantes conhecidas pelo homem. No entanto, todos eles ajudaram a confirmar que, no cosmos, estamos realmente a um milhão de quilómetros de distância da verdade.

Einstein e a sua mão na teoria quântica, mais a sua teoria da relatividade, são possivelmente as maiores obras de qualquer homem no domínio da física. Penso que o avanço que a sua investigação me proporcionou neste trabalho mostra o brilhantismo de Einstein. Sem ele, olharíamos para o universo de uma forma muito diferente.

Então, o que é o tempo? Uma dimensão que percorremos à velocidade colossal de 186.000 milhas por segundo e que, no entanto, não podemos ver, sentir ou detetar? Podemos manipular e moldar o tempo, ajustando as nossas velocidades no espaço. Mas atualmente não podemos detetar o início do tempo. Além disso, não conseguimos ver o seu fim. Usando o princípio antrópico, podemos sugerir que o tempo pára connosco, porque se não o podemos detetar, ele já não existe. Este argumento é semelhante ao da árvore que cai na floresta; se ninguém a ouve, será que faz barulho?

Bem, já decidimos que o tempo começou muito antes de existirmos. Dizer que termina quando nós terminamos é outra contradição.

Este relatório pôs em evidência muitas contradições e a questão em si mesma colocou muitas mais. Gostaria de terminar o meu resumo com a sugestão de que as ideias e as obras das maiores mentes ainda não conseguiram explicar a natureza de uma entidade controversa que aparece sob muitas formas ao longo das nossas vidas.

Da próxima vez que alguém me perguntar as horas, simplesmente não saberei o que lhe dizer.

Bibliografia

- Stephen Hawking, The Universe in a Nutshell, página 21, Bantam Press 2001.

• Maurice A. Finocchiaro, The Essential Galileo, página 250, Hackett 2008.

• Como Funciona - Livro do Espaço, página 130, Editora Imagem 2010.

• Stephen Hawking, The Universe in a Nutshell, página 74, Bantam Press 2001.

• Brian Cox, Horizon BBC, 2008.

• Sir Isaac Newton, Principia Mathematica, Secção II, 1687.

• Albert Einstein, Relatividade - A Teoria Especial e Geral, página 42, BN Publishing, 1916.

• Immanuel Kant, A Crítica da Razão Pura, Primeira Parte - Espaço e Tempo, 1781.

• Albert Einstein, Relatividade - A Teoria Especial e Geral, página 73, BN Publishing, 1916.

• Stephen Hawking, Uma Breve História do Tempo, página 17, Bantam Press 1988.

• Albert Einstein, Relatividade - A Teoria Especial e Geral, página 18, BN Publishing, 1916.

• Brian Cox/Jeff Forshaw, Why Does E=Mc2?, página 42, Da Capo Publishing 2009.

• J.P.McEnvoy, Quantum Theory, An Introduction to, página 10, Icon Books 2007.

• J.P.McEnvoy, Quantum Theory, An Introduction to, página 107, Icon Books 2007.

• Marcus Chown, Quantum Theory Cannot Hurt You, página 1526, Faber LTD 2007

• Stephen Hawking, Uma Breve História do Tempo, páginas 54-63, Bantam Press 1988.

• Marcus Chown, Quantum Theory Cannot Hurt You, página 21, Faber LTD 2007

• Marcus Chown, The Never Ending Days of Being Dead, página 82, Faber LTD

2007

- Marcus Chown, Quantum Theory Cannot Hurt You, página 26, Faber LTD 2007
- www.wired.com, 'Physicist Neil Turok: Big Bang Wasn't the Beginning', Artigo publicado em 2008.
- Stephen Hawking, Uma Breve História do Tempo, página 159, Bantam Press 1988.
- Marcus Chown, The Never Ending Days of Being Dead, página 44, Faber LTD 2007

Printed by Books on Demand GmbH, Norderstedt / Germany